浙北嘉善地区主要蔬菜种植技术和模式

◎程　远　姚祝平　翟福勤　主编

中国农业科学技术出版社

图书在版编目（CIP）数据

浙北嘉善地区主要蔬菜种植技术和模式 / 程远，姚祝平，翟福勤主编 . -- 北京: 中国农业科学技术出版社，2024.2
ISBN 978-7-5116-6634-5

Ⅰ. ①浙… Ⅱ. ①程… ②姚… ③翟… Ⅲ. ①蔬菜—大棚栽培 Ⅳ. ① S626.4

中国国家版本馆 CIP 数据核字（2024）第 013133 号

责任编辑 王惟萍
责任校对 马广洋
责任印制 姜义伟 王思文

出 版 者 中国农业科学技术出版社
北京市中关村南大街 12 号 邮编：100081
电　　话 （010）82106643（编辑室）（010）82109702（发行部）
（010）82109709（读者服务部）
传　　真 （010）82106643
网　　址 https://castp.caas.cn
经 销 者 各地新华书店
印 刷 者 北京捷迅佳彩印刷有限公司
开　　本 140 mm × 203 mm 1/32
印　　张 2.75
字　　数 50 千字
版　　次 2024 年 2 月第 1 版 2024 年 2 月第 1 次印刷
定　　价 23.60 元

编委会

主　编：程　远　浙江省农业科学院

姚祝平　浙江省农业科学院

翟福勤　嘉善县农业农村局

副主编：王荣青　浙江省农业科学院

王　群　嘉善县农业农村局

刘晨旭　浙江省农业科学院

芦　燕　诸暨市人民政府暨南街道办事处

任建杰　绍兴市上虞区农业技术推广中心

前言

浙江省嘉善县地处江浙沪两省一市交界处，是浙江省接轨上海的第一站，境内一马平川，四季分明，属于典型的江南水乡，是传统农业大县，素有“鱼米之乡”“浙北粮仓”的美誉，随着产业结构的不断调整和优化，蔬菜产业得到快速发展，蔬菜已成为嘉善县农业支柱产业之一。嘉善县被命名为浙江省蔬菜强县，2011 年被列为全国蔬菜产业重点县，在蔬菜产业发展中呈现出基地专业化、生产标准化、管理精细化、经营产业化、销售市场化等特点，尤其是大棚番茄、茄子、甜瓜、草莓、瓠瓜及露地雪菜等特色产业在省内及周边地区具有较强的竞争力和影响力，成为嘉善县农业增效、农民增收的主要途径。

嘉善县通过多年来的优化区域布局，实行成方连片开发，发挥产业聚集效应，引导设施蔬菜基地规模化建设，培育特色镇、专业村，逐步形成了“一镇一品”“一村一品”的规模化经营格局，具有鲜明区域布局特色，形成了罗星街道的大棚甜瓜、大棚瓠瓜，姚庄镇的大棚番茄，干窑镇的大棚草莓，惠民街道、大云镇、姚庄镇的大棚茄子等特色产业带，形成了天凝镇的雪菜产业链。罗星街道被命名为“中国甜瓜之乡”，姚庄镇被命名为“中国番茄之乡”，天凝镇被命名为“中国雪菜之乡”，在周边地区具有较高的知名度及影响力。

嘉善县从20世纪80年代后期开始发展大棚蔬菜，随着效益农业的迅速发展，大棚蔬菜种植面积逐年增加，大棚蔬菜产业成为嘉善县农业的支柱产业，成为农业增效、农民增收的主要因子，嘉善县农业部门通过多年的积极实践和探索，总结种植户的成功经验，示范推广了番茄嫁接、瓠瓜早春嫁接立架、茄子再生等高产高效栽培技术，总结推广了一年两熟、两年三熟、套种等蔬菜种植模式，开展了蔬菜新品种引进对比试验，以及总结了大棚多层覆盖越冬、集约化育苗、嫁接育苗、连作障碍综合治理、病虫害绿色防控等多项实用技术的综合利用，解决了农户蔬菜生产中的诸多实际问题，有力保障了蔬菜产业的持续健康发展。

编　者

2023年11月

目 录

第一章

主要蔬菜品种种植技术

大棚冬春茬番茄嫁接高产高效栽培技术

嘉善县自20世纪80年代开始种植大棚番茄，随着效益农业的迅速发展，大棚番茄种植面积逐年增加。据统计，2015年嘉善县大棚番茄复种面积1 000 hm^2，主销上海、苏南市场，番茄已成为嘉善县农业的支柱产业，是农业增效、农民增收的主要因子。近年来，由于耕地资源有限，导致轮作受阻，多年连作引起的番茄青枯病、枯萎病、根腐病等土传病害发生日益严重，土壤连作障碍问题越来越严重，品质降低、产量下降、病害多发严重制约着大棚番茄产业的发展。研究表明，番茄嫁接后具有抗病、抗重茬、增强植株长势等特点，对连作田块可有效预防番茄青枯病、根腐病、枯萎病、根结线虫等土传病害的发生，增强养分吸收能力，提高番茄产量。截至2015年，嘉善县已推广大棚冬春茬番茄嫁接应用面积530 hm^2，总产量5.41万t，总产值1.35亿元，总净收入1.02亿元。现将嘉善县大棚冬春茬番茄嫁接高产高效栽培技术总结如下。

1 砧木和接穗的选择

1.1 砧木

砧木是嫁接栽培成功的基本条件，不仅要有高抗青枯病、根腐病等土传病害的能力，其生长势、适应性、抗逆性也应优于接穗品种，且与接穗有较高的亲和力和良好的共生亲和力。经专家鉴定和本地多年生产试验，由浙江省农业科学院培育的浙砧 1 号优点突出、使用效果稳定，目前已成为嘉善县番茄种植户普遍选择的优良砧木。

1.2 接穗

接穗的优劣主要影响嫁接栽培的经济效益高低。好的接穗品种，应有较好的丰产性、商品性和抗逆性。目前嘉善县接穗品种主要有浙粉 202、粉利亚、金鹏 1605 等，这些品种不仅品质优、产量高，还具有较强的抗逆性，深受种植户的喜爱。

2 培育壮苗

2.1 播种育苗

大棚冬春茬番茄栽培最佳播种期为 9 月下旬至 10 月中旬。为使砧木和接穗的最适嫁接期协调一致，砧木和接穗同期播种。嫁接育苗须在大棚等保温设施中进行，采用大棚套小棚方式。砧木和接穗均选择穴盘育苗或营养钵育苗。

2.2　苗期管理

嫁接前番茄苗的质量对嫁接成活率的影响很大。嫁接前小苗的管理主要是防止番茄苗徒长，具体可通过调控温度、湿度等，也可通过化控使番茄苗健壮。

3　嫁接苗的培育

3.1　嫁接技术

番茄嫁接前 2 d 给番茄苗喷一遍杀菌剂，嫁接前 1 d 给番茄苗浇足水分。目前嘉善县番茄生产中普遍采用从浙江省农业科学院蔬菜研究所引进的内固定针接嫁接法。

内固定针接嫁接法采用粗 0.6 mm、长 1.8 cm 的木工蚊钉，将接穗和砧木连接起来，经试验该嫁接针在植株体内不影响植株的生长。番茄针式嫁接时嫁接苗应稍大一些，一般在接穗和砧木 2 叶 1 心、茎粗在 0.3 ～ 0.4 cm 时为嫁接适期。嫁接时选砧木苗与接穗苗粗细一致的幼苗，先用利刀在砧木苗子叶下方中间的位置横向切断，切口要平滑。在茎中间插入一个嫁接针，一半插入，另一半留在外面，用于插接接穗。取接穗苗，在子叶下方适当的位置横向切断，用木工蚊钉将接穗和砧木连接起来。注意砧木和接穗的切面对严贴合，并保持嫁接苗呈现直线状态。

3.2 嫁接苗的管理

嫁接后至嫁接苗成活一般需要 7 d 左右。此阶段管理至关重要，必须严格按照技术要求进行，保证嫁接苗的成活率。

温度管理：嫁接后的前 3 d 白天温度控制在 25 ～ 27℃，夜间 17 ～ 20℃；3 d 后逐渐降低温度，白天 23 ～ 26℃，夜间 15 ～ 18℃；7 d 后撤掉小拱棚进入正常管理。

湿度管理：嫁接后的前 3 d 小拱棚不得通风，湿度必须保持在 95% 以上，小拱棚的棚膜上布满雾滴；3 d 后必须把湿度降下来，保证小拱棚内维持在 75% ～ 80%，每天放风排湿，防止苗床内长时间湿度过高造成烂苗，苗床通风量要先小后大，通风量以通风后嫁接苗不萎蔫为宜，嫁接苗发生萎蔫时要及时关闭棚膜。

遮阳管理：嫁接后前 3 d 要求白天用遮阳网覆盖小拱棚，避免阳光直射小拱棚内。嫁接后 4 ～ 6 d，见光和遮阳交替进行，中午光照强时遮阳，同时要逐渐延长见光时间，如果见光后叶片开始萎蔫应及时遮阳，以后随嫁接苗的成活，中午要间断性见光，待植株见光后不再萎蔫时即可去掉遮阳网。

3.3　壮苗标准

冬春茬番茄嫁接育苗的壮苗标准为株高 20 cm、茎粗 0.5 cm 以上，且上下削度小，节间短，节间长度基本相等。具有子叶和 5 ～ 6 片真叶，叶片肥厚，叶色浓绿，不带病原菌和虫害。

4　施足基肥，合理定植

嫁接苗达到壮苗要求时即可定植。

清洁田园，深翻 25 ～ 30 cm，畦宽（连沟）1.2 ～ 1.5 m，畦间沟深 20 cm，外围沟深 40 cm。每亩（1 亩 ≈ 667 m^2）撒施腐熟有机肥 1 000 ～ 1 500 kg，复合肥（15-15-15）50 kg。嘉善县冬春茬番茄嫁接栽培一般采用“三棚四膜”覆盖方式，即在大棚内搭 2 层内大棚，覆盖大棚农膜 1 层，内大棚农膜 2 层，地上覆盖地膜。定植宜在晴天进行，结合浇定根水，以利早活发根，平整畦面，覆盖地膜，每畦种 2 行，单秆整枝，株距 25 ～ 30 cm。

5 田间管理

缓苗期白天保持在22～25℃，晚上不低于15℃，湿度保持在80%～90%；开花坐果期白天18～22℃，晚上不低于10℃，湿度保持在60%～70%；结果期白天20～25℃，晚上10～15℃，湿度保持在50%～60%。光照上，冬春茬番茄嫁接栽培采用透光性好的无滴长寿膜，保持膜面清洁，白天揭开棚内保温覆盖物，尽量增加光照强度和时间。

定植后及时浇水，土壤相对湿度保持在60%～70%，宜采用膜下滴灌。高温干旱后及时灌水，雨后及时排水。第一穗果坐牢后及时追肥，一穗果追一次肥，每亩共追施复合肥（15-15-15）30～50 kg，适当增施含钙、镁、锌、硼的中微量元素肥。用生长调节剂处理花序，保花保果效果较好。

6 病虫害防治

按照“预防为主，综合防治”的植保方针，坚持“以农业防治、物理防治、生物防治为主，化学防治为辅”的无害化治理方针，禁止使用高毒、高残留农药。

嫁接番茄常见的病害有灰霉病、早疫病、晚疫病、叶霉病等，虫害主要有蚜虫、烟粉虱等。灰霉病发病初期可用10%腐霉利烟剂进行熏棚，也可选用50%啶酰菌胺水分散粒剂1 000倍液、40%嘧霉胺悬浮剂800倍液或50%异菌脲悬浮剂800倍液进行喷雾；早疫病发病初期可用70%代森联干悬浮剂500～600倍液或64%噁霜·锰锌可湿性粉剂600～800倍液进行喷雾；晚疫病发病初期可用50%烯酰吗啉可湿性粉剂2 500倍液或72%霜脲·锰锌可湿性粉剂600～800倍液喷雾；叶霉病发病初期可用70%代森联干悬浮剂500～600倍液或50%异菌脲悬浮剂1 000倍液喷雾防治。蚜虫、烟粉虱优先采用黄板诱杀，苗期采用防虫网隔离害虫，也可用20%啶虫脒可湿性粉剂1 000～1 500倍液防治。

7 适时采收

果实充分膨大、果色由青转红时即可采收。采收时，剔除病果、畸形果，分级装箱上市。

嘉善县大棚早春瓠瓜嫁接立架高效栽培技术

瓠瓜是浙江省嘉善县的特色蔬菜之一，栽培面积达 500 hm^2，自 20 世纪 90 年代初期开始种植瓠瓜，一般采用大棚越冬爬地栽培，该栽培模式的优点主要是保温效果好、上市早，但由于瓠瓜直接接触地面，不仅瓜形弯曲的较多，而且由于光照不均匀，瓠瓜着色不一致，特别是采收中后期商品性差，价格较低。为进一步提高瓠瓜栽培效益，近年来嘉善县农业部门不断探索瓠瓜高效栽培技术，逐渐总结推广了大棚早春瓠瓜嫁接立架高效栽培技术，采用该栽培模式，瓠瓜不仅瓜形笔直、着色均匀、颜色亮丽，商品性好，深受消费者喜爱，而且产量产值也较高，增产增收效果明显。应用此项技术，瓠瓜采收期从 2 月下旬至 6 月下旬，每亩产量达 9 500 kg，较大棚爬地嫁接栽培 8 500 kg/ 亩增产 11.8%，每亩产值达 22 800 元，较大棚爬地嫁接栽培 16 150 元 / 亩增加 41.2%，成为当地农民增加收入的主要途径之一。现将其栽培技术介绍如下。

1 品种选择

选耐低温、耐弱光、早熟、高产、商品性好、抗病性强的瓠瓜品种，目前嘉善县主栽品种为浙蒲 6 号；砧木宜选择与瓠瓜亲和力强、具有强大根系的南瓜品种，目前嘉善县瓠瓜种植户普遍选用全能铁甲。

2 培育壮苗

2.1　适期播种

大棚早春瓠瓜最佳播种期为 11 月中旬。为使砧木和接穗的最适嫁接期一致，砧木要比接穗提早 3 ～ 5 d 播种，育苗采用大棚套小拱棚方式，砧木和接穗均选择穴盘或营养钵育苗。

2.2　嫁接育苗

瓠瓜播种 1 周左右、全能铁甲 2 叶 1 心时即可进行嫁接，一般采用插接法。嫁接前提前 2 d 浇水，嫁接时保持基质潮湿，不能太湿或太干。嫁接后放置小拱棚内覆膜密闭保湿，小拱棚上搭遮阳网，温度控制在 20℃左右，嫁接后当天不通风，第 2 d 开始小拱棚间隔时间通风（大棚密封）4 ～ 5 次，每次 10 ～ 15 min，第 3 d

小拱棚通风 4 ～ 5 次，每次 30 min 左右，如果叶片有萎蔫情况，及时用喷壶喷水保湿，后面每天小拱棚通风时间逐渐增加，视叶片情况及时喷水保湿，嫁接后 5 d 左右撤去遮阳网，10 d 左右与普通苗同样管理。

2.3 壮苗标准

嫁接后 20 d 左右，嫁接苗 2 叶 1 心，子叶完整，嫁接苗嫁接伤口愈合完整，叶色厚而深绿，根系发达，不带病原菌和虫害。

3 施足基肥，合理定植

嫁接苗达到壮苗要求即可定植。清洁田园，深翻 25 ～ 30 cm，每亩撒施腐熟有机肥 2 000 ～ 2 500 kg，复合肥（15-15-15）150 kg，做畦，畦宽连沟 1.6 m，畦中间略高，利于根系生长，畦上覆盖地膜，搭建小拱棚。定植一般在 12 月上旬，宜在晴暖天气进行，定植后浇足定根水，以利早活发根，每畦定植 1 行，株距 60 ～ 70 cm。定植后外界气温低于 15℃时，搭建中大棚膜，嘉善县大棚早春瓠瓜嫁接立架栽培一般采用“三棚四膜”的覆盖方式保温。

4 田间管理

4.1 温湿度、光照管理

瓠瓜定植后，外界正值严寒季节，因此温度便成为制约瓠瓜生长发育的关键因素，做好温度管理是高产的基础保证，以增温保温为主，同时兼顾光照、水分等其他因素。定植后 7 ～ 10 d 内，白天棚内控制在 30 ～ 35℃，晚上棚内控制在 12℃以上。幼苗定植新根生长以后，白天棚内控制在 25 ～ 28℃。温度过高，及时通风降温，防止植株徒长，瓠瓜雌花开放后，棚内稳定在 32℃左右，促进果实生殖生长，缩短瓠瓜生产周期，利于早熟高产。土壤相对湿度控制在 70% 左右，采用透光性好的多功能膜，保持膜面整洁，白天视天气情况揭开保温覆盖物，尽量增加光照强度和时间，瓠瓜生长期间，由于底肥较足，无须追肥。

4.2 搭架绑蔓、摘心整枝、疏花疏果

植株抽蔓后及时撤去小拱棚，采用双蔓整枝，搭建“1”字形架，每畦搭 1 架，高 1.6 ～ 1.7 m（便于农事操作），双蔓长至架高时，拉至架上绑蔓，其余子孙蔓无须绑蔓。

植株长出 2 ～ 3 片真叶后及时进行主蔓整枝摘心，采用双蔓整枝，待两蔓蔓长 80 cm 左右时，各留上部长势健壮的 2 ～ 3 条侧蔓作为一级侧蔓，整枝摘除其余侧蔓，待选留的双蔓长至架高时拉至架上绑蔓，及时摘心，促进侧蔓生长，在每条一级侧蔓选留上部 1 ～ 2 条健壮侧蔓作为二级侧蔓（气温较高时可留 2 ～ 3 条侧蔓），将其余侧蔓全部摘除，一般 1 ～ 2 节时摘心，每条蔓上留瓜 1 ～ 2 只。此后再将抽生的三级、四级侧蔓如前法摘心，每蔓留瓜 1 ～ 2 只，每条主蔓留瓜 2 ～ 3 只，整株保持 5 ～ 6 只瓜，温度较高时，视植株生长情况可多留瓜，如此循环。当首批瓜坐果后，及时将植株下部老叶剪除，以改善田间通风透光条件，降低大棚湿度，减少病害的发生。植株进入旺盛生长期后，及时将老叶、病叶、不结瓜的无效侧枝剪去，长期保持一定的叶面积，及时疏去病果、畸形果。

4.3　保花保果

由于早春季节气温较低，不易坐果，可用植物生长调节剂处理来提高坐果率，增加早期产量。在瓠瓜雌花开放当天傍晚或次日早晨，用 0.1% 氯吡脲可溶液剂稀释液（5 mL 加水 0.75 kg）浸子房处理，随着气温升高，为保证瓠瓜品质，继续用 0.1% 氯吡脲可溶液剂稀释液（5 mL 加水 0.9 ～ 1.0 kg）浸子房处理。

5 病虫害防治

大棚早春瓠瓜嫁接立架栽培主要病害有白粉病、霜霉病、疫病等，较大棚瓠瓜实生栽培减少了炭疽病、蔓枯病等土传病害的发病率，主要虫害有蚜虫、斑潜蝇。按照“预防为主，综合防治”的植保方针，坚持“以农业防治、物理防治、生物防治为主，化学防治为辅”的无害化治理方针。严禁使用国家禁止使用的农药，严格控制农药用量，合理使用高效、低毒、低残留的化学农药，掌握好农药安全间隔期，确保上市瓠瓜质量安全。

6 适时采收

大棚瓠瓜一般在开花后 15 ～ 20 d 果皮出现白茸毛时即可采收，采收期从 2 月下旬开始，一般可采到 6 月下旬。

大棚越冬茄子再生高产栽培技术

进入夏季高温季节后，正值露地茄子大量上市，大棚越冬茄子开始出现生长不良、产量降低、品质不佳等问题，加之近年来劳动力短缺，成本快速上升等问题，为节约成本，减少劳动力支出，提高单位面积产量和产值，获得较高的经济和社会效益，嘉善县农业部门积极寻找破解方法，利用茄子属于半木质化植物，再生能力强的属性，对大棚越冬茄子进行剪枝处理再生产一茬茄子高产栽培技术。与传统的育苗移栽相比，再生茄子具有省去秋季育苗管理，根系发达、长势强、提早上市、价格高、效益好等优点，每亩约增加产量 4 000 kg，增加经济效益 15 000 元，现将关键栽培技术介绍如下。

1 品种选择

选用根系发达、生长势强、分枝性强、抗病性强、抗高温、商品性好、适应市场需求的优质高产品种。目前嘉善县大棚越冬茄子再生栽培选择的茄子品种主要有杭茄 2010、杭丰一号等。

2 适时播种，培育壮苗

2.1 种子处理

大棚越冬茄子栽培最佳播种期为 8 月上中旬。播种前进行种子处理，将种子放入保持在 55℃热水中浸泡 15 min，消毒后将种子用清水浸泡 3 ～ 5 h 后捞出包裹在干净的纱布或湿毛巾中，放在 28 ～ 30℃的环境下催芽，24 h 后检查种子，发现露白种子及时拣出、保湿，放在 15℃容器中，待 80%以上种子露白即可播种。播种时应浇足底水，每平方米播 1.5 g 种子，播种后覆盖厚 0.5 ～ 1.0 cm 的营养土，并在育苗床面上覆盖地膜，苗床温度控制在 28 ～ 30℃，出苗后降湿防病害。

2.2 假植

当幼苗长出 2 ～ 4 片真叶时，分苗于营养钵中，假植宜在晴天进行，假植后浇足底水，盖小拱棚膜并加盖遮阳网，第 2 d 可适当通风，第 3 d 可揭膜并减少遮阴时间，一般 5 d 后可揭除遮阳网进行正常管理。白天控制在 20 ～ 28℃，晚上控制在 15 ～ 20℃，适当增加光照时间，避免湿度过高，促进根系早发。假植后，可结合苗情追加苗肥，缺肥时可结合浇水施肥，每50 kg水加复合肥（15-15-15）100 g。

3 施足基肥，适时定植

定植宜在9月中下旬，苗龄约45 d时进行定植。定植前每亩施腐熟有机肥2 000～2 500 kg，复合肥（15-15-15）50 kg，或施用同等当量的生物有机复合肥。然后深耕做畦，畦宽（连沟）1.5 m左右，畦间沟深20 cm，外围沟深40 cm。定植前7 d扣棚，以升高棚温，铺设膜下滴灌，然后覆盖地膜。当苗株高20～25 cm，茎粗0.6 cm以上，真叶7～8叶时即可移栽。移栽应选在晴天上午，定植前1 d苗床浇透，每畦种2行，株距35～40 cm，每亩定植2 200～2 500株。

4 田间管理

茄子定植后闭棚3 d，以促缓苗，若棚温超过40℃时，适当通风降温。冬季采用多层覆盖越冬保温，当最低气温在5～6℃时搭建二道膜，最低气温在0℃时搭建三道膜，膜与膜之间距离控制在15 cm以上。管理上应以增温保温为主，同时又要兼顾光照、水分及空气条件等其他因素。白天棚内最高温度控制在28℃左右，晚上最低温度保持在 10℃以上。采用透光性好的多功能膜，保持膜面整洁，白天视天气情况揭开保温覆盖物，尽量增加光照强度和时间。

定植后根据生长状况及时追肥，每亩追施复合肥（15-15-15）30 ～ 50 kg，施肥后加强通风防氨气危害。

当门茄开花后，门茄以下的侧枝全部去除，并视生长情况摘除部分叶片，当植株有徒长趋势时，摘除部分的功能叶，抑制徒长。特别是结果率低时，整枝摘叶更应及时，整枝的幅度要大，达到通风透光要求。冬季低温期间，可以用防落素点花，提高坐果率，保证茄子产量。

5 适时采收

茄子从开花到采收约需要 20 d，门茄、对茄等前期果要及时采收，以利后期果生长。进入旺果期，每隔 3 ～ 4 d 采收一次。采收期应考虑到市场价格及植株长势，生长势过旺时，要适当推迟采摘，生长势弱时，要适当提前采收。嘉善县大棚越冬茄子再生栽培一般从 11 月下旬采到翌年 6 月底不再留果，也不整枝，对植株进行复壮。

6 剪枝再生技术

进入夏季高温季节后，正值露地茄子大量上市，大棚越冬茄子生长不良、产量降低、品质不佳，市场价格快速下跌。因此，嘉善县大棚越冬茄子一般采收到 6 月底不再留果，于 7 月底至 8 月初进行一次性剪枝。用剪刀把植株头部全部剪掉，保留 3 ～ 4 个长势壮的侧芽进行科学培植，清除掉其余的幼芽、老叶，随水浇施复合肥（15-15-15）每亩 25 ～ 30 kg。剪枝后，由于外界温度高，再加上庞大的根系吸收作用，一般剪枝 30 d 左右即可采收，一般第一茬茄子采收结束后拔秧腾茬，安排下一茬作物。

7 病虫害防治

危害茄子的病害主要有灰霉病、早疫病、青枯病等；危害茄子的虫害主要有蓟马、茶黄螨等。按照“预防为主，综合防治”的植保方针，坚持“以农业防治、物理防治、生物防治为主，化学防治为辅”的无害化治理方针。

第二章

主要蔬菜品种种植模式

大棚越冬西葫芦－夏秋瓠瓜一年两熟高效栽培技术

蔬菜是嘉善县主要传统经济作物，特别是近年来随着农业产业结构调整，蔬菜产业得到快速发展，种植面积、生产总量、生产总值持续增长，成为嘉善县农业增效、农民增收的主要途径。为调优大棚栽培模式，提高单位面积生产效益，我们通过多年实践，探索出大棚越冬西葫芦－夏秋瓠瓜一年两熟高效栽培模式。其茬口安排为大棚西葫芦于10月上旬播种，10月下旬定植，12月初采收，翌年5月底采收结束；瓠瓜于6月初播种，6月中旬定植，7月底至8月初开始采收，10月中下旬采收结束。根据近年来调查统计，采用该栽培模式，每亩大棚西葫芦产量7 500 kg，产值18 000元，净收入达12 000元；每亩大棚瓠瓜产量3 000 kg，产值6 000元，净收入4 000元。两茬合计，每亩产值24 000元，净收入16 000元。现将关键技术介绍如下。

1 大棚越冬西葫芦

1.1 良种选择

选择耐低温、抗病性强、连续坐瓜强、早熟优质高产品种。目前嘉善县主栽品种是冬悦绿盛。

1.2 适期播种，培育壮苗

大棚越冬西葫芦最佳播种期为 10 月上旬。育苗在大棚等避雨设施中进行，采用穴盘育苗。用 55℃温水浸种 15 min，自然冷却至室温继续浸种 6 ～ 7 h，再用 40% 福美双可湿性粉剂 500 倍液浸种 30 min 后用清水冲洗干净后晾干。在 50 孔穴盘中装入西葫芦专用营养土，将处理好的种子放入孔中，每孔一粒，在种子表面覆盖厚 1.0 ～ 1.5 cm 的细土，浇透水，然后用遮阳网进行适当遮阴。出苗前白天控制在 28 ～ 30℃，夜间控制在 15 ～ 18℃，当有 70% 的幼苗开始拱土时要加强通风，降低棚温严防幼苗徒长，白天控制在 20 ～ 25℃，夜间控制在 12 ～ 15℃。

1.3 施足基肥，合理定植

西葫芦产量高，需肥量大，须施足基肥。一般每亩撒施腐熟有机肥 1 500 kg，复合肥（15-15-15）100 kg，于移栽前 7 ～ 10 d 结合整地施入，按畦宽（连沟）1.8 m 做畦并覆盖地膜。当幼苗达到 2 叶 1 心时即可定植，按每畦 2 行，株距 70 cm 把地膜切成“十”字口，揭开地膜，选择晴天上午挖穴把苗栽入穴中，定植后浇定根水，用少量土封住膜口。

1.4　田间管理

1.4.1　温度调控

嘉善县越冬西葫芦普遍采用“三棚四膜”多层覆盖技术控制棚内温度。缓苗期白天保持在 25 ～ 30℃，晚上 18 ～ 20℃；缓苗后防苗徒长要适当降低温度，白天棚温控制在 20 ～ 25℃，晚上 12 ～ 15℃。结瓜后要适当提高温度，白天棚温保持在 25 ～ 30℃，晚上 15 ～ 18℃，最低不低于 10℃，加大昼夜温差，以利于营养积累和瓜的膨大。开春后，随着外界气温的回升，撤掉内大棚膜，同时做好掀膜通风工作，确保棚内温度适宜西葫芦生长。

1.4.2　植株调整

在植株长至 3 ～ 4 片叶时及时进行吊蔓，并随时摘除主蔓上形成的侧芽。随着西葫芦的采收及时摘除下部老叶、黄叶，瓜下部留 5 ～ 6 片功能叶。

1.4.3 保花保果

大棚越冬栽培，因温度低，加之室内无风，自然授粉困难，影响坐果，可用西葫芦专用植物生长调节剂进行喷施，提高西葫芦坐瓜率。

1.4.4 肥水管理

在根瓜开始膨大时，每亩追施高钾复合肥 3 kg，溶于水灌入地膜下的暗沟中，灌水后加强通风排湿，灌水量不宜过大，以水刚流满垄为宜，灌完水把地膜再封严，防止水分蒸发。根瓜采收后、第 2 条瓜开始膨大时进行第 2 次追肥，每亩追施高钾复合肥 3 kg，结合灌水，方法同第 1 次。

以后视瓜采收后植株长势及天气情况每亩追施 3 kg 高钾复合肥，结合灌水进行追肥，整个生长期共追肥 4 ～ 5 次，高钾复合肥总用量 12 ～ 15 kg/ 亩。

1.5 病虫害防治

大棚越冬西葫芦的主要病害有病毒病、白粉病、灰霉病，主要虫害有蚜虫、白粉虱等。病虫害防治时要选用高效、低毒、低残留农药，并严格用药间隔期。

1.5.1 病毒病防治

及时防治蚜虫、白粉虱等，减少害虫对病毒的传播。发病初期可喷洒20%吗胍·乙酸铜可湿性粉剂600倍液或2%氨基寡糖素水剂800倍液，隔7～10 d喷施一次，连续防治2～3次。发病严重时将病株拔除带出棚外，并对拔出西葫芦根系处的土壤进行生石灰消毒。

1.5.2 白粉病、灰霉病防治

白粉病发病初期可用50%醚菌酯可湿性粉剂3 000倍液或43%氟菌·肟菌酯悬浮剂2 500倍液防治；灰霉病发病初期可用40%嘧霉胺悬浮剂1 000倍液或50%啶酰菌胺水分散粒剂1 000倍液防治。

1.5.3 蚜虫、白粉虱防治

蚜虫、白粉虱优先采用黄板诱杀，也可用20%啶虫脒可湿性粉剂1 500倍液、10%烯啶虫胺水剂1 500倍液或22%氟啶虫胺腈悬浮剂3 000倍液防治。

1.6 适时采收

西葫芦以嫩瓜为产品，开花后10～15 d瓜重达400～500 g时即可采收上市，为保持鲜嫩，最好在早上进行采收。

2 大棚夏秋瓠瓜

2.1 品种选择

目前嘉善县主栽品种是浙蒲 6 号，该品种具有抗性强、品质优、生长旺盛、分枝结果能力强等特点。

2.2 适期播种，培育壮苗

播种前用 50 ～ 55℃温水浸种 15 min，冷却至室温后再浸种 8 h。采用 50 孔穴盘育苗，每孔播籽 1 粒，育苗期白天遇晴天用遮阳网盖顶，雨天用农膜盖顶防雨水，如穴盘较干，于早晚及时浇水，注意及时防治蚜虫。

2.3 施好基肥，适时定植

西葫芦采收结束后及时翻地，每亩施优质腐熟有机肥 1 000 kg，复合肥（15-15-15）50 kg，土壤翻耕后按畦宽（连沟）1.8 m 做畦，沟施或撒施。幼苗长至 2 叶 1 心时定植，有利于发棵，定植前喷一次防病农药，每畦 2 行，株距 70 cm，于阴天或早晚定植。

2.4 田间管理

瓠瓜定植后，遇高温季节，用 2 层覆盖来降温、保湿，即除用旧农膜盖顶外，晴天期间，再用遮阳网覆盖。瓜期要适量追肥，复合肥（15-15-15）3 kg/ 亩随水进行沟施，整个生育期追肥 3 ～ 4 次，复合肥（15-15-15）总用量 9 ～ 12 kg/ 亩。

2.5　植株调控

瓠瓜植株长至 3 ～ 4 片真叶时用浓度 100 mg/kg 的 40% 乙烯利喷施叶片，促使瓠瓜以侧枝结瓜为主转为以主蔓结瓜为主，有利于夏秋茬栽培正常坐果。

2.6　搭架、整枝

抽蔓后及时吊蔓、绑蔓，并引蔓上架，去除基部侧蔓，7 ～ 8 节以上侧蔓留 1 ～ 2 叶打顶，主蔓长至 1.5 m 时打顶，每次结瓜不超过 2 条，每株结瓜 4 ～ 5 条，及早疏去病果、畸形果。

2.7　病虫害防治

大棚瓠瓜主要病害为霜霉病、白粉病等，主要虫害为蚜虫、斑潜蝇等。霜霉病用 72% 霜脲 · 锰锌可湿性粉剂 600 ～ 800 倍液或 64% 噁霜 · 锰锌可湿性粉剂 600 ～ 800 倍液喷雾防治，白粉病可用 50% 醚菌酯可湿性粉剂 3 000 倍液或 10% 苯醚甲环唑水分散粒剂 1 500 倍液喷雾防治，发现蚜虫用 20% 啶虫脒可溶粉剂 3 000 倍液喷雾防治，发现斑潜蝇用 75% 灭蝇胺可湿性粉剂 5 000 倍液或 1% 甲氨基阿维菌素苯甲酸盐乳油 3 000 倍液喷雾防治。

2.8 适时采收

瓠瓜生长迅速，开花后 8 ～ 10 d 单瓜重约 500 g 时应及时采收，此时肉质柔嫩甜滑、瓜皮发绿发亮。

大棚番茄－松花菜－番茄高产高效栽培技术

农业产业结构的调整带动了特色产业的发展，近年来，浙江省嘉善县大棚蔬菜面积不断扩大，同时，为适应市场经济的需要，增加蔬菜生产效益，嘉善县农业部门积极实践和探索出了一批大棚设施蔬菜多茬高效栽培模式，取得了增产增收的良好效果。大棚番茄－松花菜－番茄种植模式是浙江省嘉善县在大棚设施蔬菜生产实践中探索总结出的高产高效栽培模式之一。其茬口安排为大棚秋延后番茄于 7 月初播种，8 月上旬定植，10 月底至 11 月初开始采收，12 月底至采收结束；早春松花菜在 11 月下旬播种，12 月底至翌年 1 月初定植，

3月底至4月初采收，4月中下旬采收结束；半越夏番茄于2月中下旬播种，4月底定植，6月底采收，7月底采收结束。根据近年来调查，采用该栽培模式，每亩大棚秋延后番茄产量约4 000 kg，产值10 000余元，净收入7 500余元；每亩松花菜产量约2 000 kg，产值12 000余元，净收入9 000余元；每亩半越夏番茄产量约3 000 kg，产值9 000余元，净收入6 500余元。3茬合计，每亩产值31 000余元，净收入23 000余元。现将关键技术介绍如下。

1 秋延后番茄

1.1　良种选择

选择抗病、耐热、高产、耐储运、抗番茄黄化曲叶病毒的品种。目前嘉善县主栽品种为浙粉702、金棚10号等。

1.2　适期播种，培育壮苗

秋延后栽培最佳播种期为7月初。育苗可用小拱棚、遮阳网覆盖方式。用55℃温水浸种15 min，自然冷却至室温继续浸种4～5 h，再用10%磷酸钠浸种30 min。催芽时每天翻种2次，约有80%种子露白时将种子均匀播在平整后的苗床表面，每平方米苗床播种量为 5 g 左右，浇透水，覆盖厚 0.5 cm 左右的营养土。每亩需 4～5 m^2 的苗床。

秋延后育苗，采用遮阳降温，白天控制在 25～30℃，晚上 18～22℃。齐苗后要使床土“干干湿湿”，尽量减少浇水次数。当幼苗达到 2 叶 1 心时，分苗于营养钵中，宜选晴天进行，分苗后要浇足水分，以后视营养土湿度、天气适当浇水。秧苗 3～4 叶时，移动营养钵加大苗距。壮苗指标：株高 15～20 cm，茎粗 0.4 cm 以上，真叶 5～7 片。

1.3 施足基肥，合理定植

清洁田园，深耕细耙。每亩撒施腐熟有机肥 1 000～1 500 kg，复合肥（15-15-15）30～50 kg，深翻 25～30 cm，使肥土混合均匀。秋延后栽培前期实行避雨栽培，后期进行大棚覆盖保温栽培。定植宜在阴天进行，结合浇定根水，以利早活发根，平整畦面，覆盖稻草。每畦种 2 行，单秆整枝，株距 40 cm，每亩定植 2 500 株左右。

1.4 田间管理及病虫害防治

缓苗期白天保持在 25～28℃，晚上 18℃左右，湿度保持在80%～90%；开花坐果期白天保持在20～25℃，晚上不低于15℃，湿度保持在60%～70%；结果期白天保持在22～28℃，晚上15～18℃，湿度保持在50%～60%。光照上，前期适当遮阳降温。

定植后及时浇水，土壤相对湿度保持在75%～85%，宜采用膜下滴灌。高温干旱后及时灌水，雨后及时排水。第1穗果坐牢后及时追肥，一穗果追一次肥，每亩共追施复合肥（15-15-15）30～50 kg，适当增施含钙、镁、锌、硼的中微量元素肥。用25～50 mg/ kg防落素处理花序，保花保果效果较好。果实转红时及时采收。

秋延后番茄主要病害有灰霉病、叶霉病、病毒病、青枯病等，虫害主要有白粉虱、蓟马等。灰霉病可用40%嘧霉胺悬浮剂1 000～1 500倍液或50%啶酰菌胺水分散粒剂1 000倍液，叶霉病可用70%甲基硫菌灵可湿性粉剂600～800倍液或47%春雷·王铜可湿性粉剂600～800倍液，病毒病可用2%氨基寡糖素水剂800倍液或20%的吗胍·乙酸铜可湿性粉剂600倍液，青枯病可用20%噻菌铜悬浮剂300倍液防治。白粉虱可用20%啶虫脒可湿性粉剂1 000～1 500倍液或22.4%螺螨酯悬浮剂3 000倍液进行防治，蓟马可用20%啶虫脒可湿性粉剂1 000～1 500倍液或24%虫螨腈悬浮剂1 500倍液。

2 早春松花菜

2.1 良种选择

选择生长势旺、抗逆性强、品质好、产量高、株形紧凑、花球紧实的品种，目前嘉善主栽品种有台湾青梗花菜农美、台雪等。

2.2 适时播种，培育壮苗

2.2.1 选择适宜播期

冬春松花菜最佳播期为11月下旬。为避免过低的温度造成冻害和早花、紫花，宜采用大棚冷床育苗，必要时须采用多层覆盖保温或温床育苗。每亩用种量15～20 g。

2.2.2 苗床整理及均匀播种

育苗前深翻土壤，充分暴晒，每亩施腐熟厩肥1 000 kg，播种前将畦面整平、压实，充分浇透水，待水渗下去后，撒一层细土，将种子均匀撒播于细土上，播后撒0.5～0.8 cm厚的营养土或细土，然后用木板轻拍，促使种子充分接触，以利出苗，表面洒少量水。

2.2.3 苗期管理

冬春季温度低，幼苗易受冻害或冷害，为避免淋水引起土温急剧下降，苗期应注意控制浇水次数和浇水量，防止因棚内湿度过大而引起猝倒病等多种病害的发生。

2.3 施足基肥，合理定植

土壤翻耕后施足基肥，每亩施有机肥 1 500 ～ 2 000 kg、复合肥（15-15-15）50 kg、过磷酸钙或钙镁磷肥 25 kg、尿素 10 kg、硼肥 1 kg。按连沟 1.5 m 整地做畦，深沟高畦，覆盖好地膜待定植。

定植前 7 ～ 10 d 进行炼苗，可在晴天中午通风降温，使幼苗逐渐适应室外的低温环境，以提高移栽成活率，每天进行的炼苗时间逐渐延长。每亩种植 2 500 株，定植后及时浇定根水，促活棵。

2.4 田间管理及病虫害防治

春季松花菜生长前期处于低温季节，要做好防冻害保温工作。活棵后因气温低，蒸发量较小，一般不须浇水。结合中耕除草，在花球膨大期每亩追施复合肥（15-15-15）10 kg、尿素 25 kg。为防止花茎空心，在现蕾前 15 ～ 20 d 用 16% 液体硼肥 1 000 倍液喷施 2 ～ 3

次进行叶面追肥。

早春季节病虫害相对较少，但苗期猝倒病、生产期霜霉病、黑腐病也时有发生，可分别用 722 g/L 霜霉威水剂 1 000 ～ 1 500 倍液、75% 百菌清可湿性粉剂 600 倍液防治，严格遵守农药安全间隔期。

2.5 适时采收

松花菜现球后 20 d 左右即可采收。为使花球白净，当花球在 5 cm 大时可采取折叶覆盖或束叶裹球方法，保护花球不受阳光直晒。待花球充分膨大、周边开始松散时即为鲜食松花菜适宜采收期。

3 半越夏番茄

3.1 良种选择

选择耐高温、抗病、优质、高产的品种。目前嘉善县主栽品种为金棚系列、欧盾等。

3.2 适期播种，培育壮苗

半越夏番茄栽培最佳播种期为 2 月中下旬。育苗在大棚等保温设施中进行，采用大棚套小棚方式，每亩用种量 20 ～ 25 g。

冬春育苗，采用多层覆盖，白天控制在 20 ～ 25℃，晚上 15 ～ 18℃。幼苗达到 2 叶 1 心时，分苗于营养钵中，宜选晴天进行，分苗后要浇足水分，当秧苗达到壮苗标准时即可定植。

3.3　施足基肥，合理定植

每亩施复合肥（15-15-15）30 ～ 50 kg，深翻 25 ～ 30 cm，做畦。定植宜在晴天进行，每畦种 2 行，单秆整枝，株距 40 cm，每亩定植 2 500 株左右。

3.4　田间管理

定植后及时浇水，土壤相对湿度保持在 60% ～ 70%，宜采用膜下滴灌。第 1 穗果坐牢后及时追肥，一穗果追一次肥，每亩共追施复合肥（15-15-15）30 ～ 50 kg，适当增施含钙、镁、锌、硼的中微量元素肥。半越夏番茄栽培病虫害相对较少，病害主要有叶霉病、晚疫病、白粉病等，虫害主要有白粉虱、蚜虫等。叶霉病可用 50% 异菌脲可湿性粉剂 1 000 倍液、晚疫病可用 72% 霜脲 · 锰锌可湿性粉剂 600 倍液、白粉病可用 50% 醚菌酯可湿性粉剂 3 000 倍液防治；蚜虫、白粉虱优先采用黄板诱杀，也可用 20% 啶虫脒可湿性粉剂 1 000 ～ 1 500 倍液防治。

3.5 及时采收

果实转红时及时采收。

大棚越冬辣椒套种萝卜高产高效栽培技术

近年来，浙江省嘉善县大棚蔬菜种植面积越来越大，为进一步提高大棚蔬菜的种植效益，充分利用光热、土地资源，提高复种指数，以及实现共生期间水、肥共享，达到节约成本的目的，嘉善县农业部门积极实践和探索出了大棚越冬辣椒套种萝卜高产高效种植模式。其茬口安排为大棚越冬辣椒于11月初播种育苗，翌年1月初定植，3月底至4月初开始采收，6月底采收结束；萝卜于1月下旬直播到大棚内，3月下旬采收上市。采用该种植模式，每亩大棚越冬辣椒产量3 250 kg，产值13 000元，净收入10 000元；萝卜产量3 500 kg，产值3 500元，净收入3 000元。采用该套种模式，每亩产值16 500元，净收入13 000元，经济效益显著。

1 良种选择

大棚越冬辣椒宜选择商品性好、抗逆性强、耐低温弱光、抗病性强，适应市场需求的品种，目前嘉善县冬春栽培的品种主要有杭椒 1 号、苏椒 3 号等。萝卜宜选用抗病高产品种，目前主栽品种为白玉春。

2 适期播种　培育壮苗

大棚越冬辣椒育苗最佳时期在 11 月初。选择地势高、干燥，排水方便，地下水位低，土壤肥沃的田块育苗。播种前进行辣椒种子处理，将种子预浸 2 ～ 3 h，再将湿种子放入 52 ～ 55℃热水中浸泡 15 min 后用 0.1% 高锰酸钾水溶液浸泡 5 min，消毒后将种子用清水浸泡 3 ～ 5 h 后捞出包裹在干净的纱布或湿毛巾中放在 30℃的环境下催芽，待种子 60% 以上露白及时播种。播种时应浇足底水，播种宜采用与细松土或细沙充分拌匀撒播。播后覆盖厚 1.5 cm 左右的营养土，并在育苗床上覆盖地膜，搭 2 层小拱棚，出苗前，白天棚内温度保持在 25 ～ 28℃，晚上保持在 15 ～ 18℃；出苗后，撤掉地膜和内层小拱棚膜，白天棚内控制在

20 ～ 25℃，晚上保持在 15 ～ 18℃。辣椒幼苗长至 2 叶 1 心时移栽到 72 孔穴盘内。苗龄 60 d 左右，苗期注意间苗，加强肥水管理。

3 施足基肥 合理定植

清洁田园，深耕细耙。每亩撒施腐熟有机肥 1 500 kg，复合肥（15-15-15）50 kg，于移栽前 7 ～ 10 d 结合整地施入，深翻 25 ～ 30 cm，使肥土混合均匀。按畦宽（连沟）1.1 m 做畦并覆盖地膜。辣椒每畦 2 行，“品”字形定植，株距 45 cm 把地膜切成“十”字形口，揭开地膜，于 1 月初选择晴天上午挖穴把苗栽入穴中，定植后浇定根水，用少量土封住膜口。大棚越冬辣椒须采取大棚 + 中棚 2 层膜覆盖保温栽培方式。

萝卜在大棚内采用直播。辣椒定植 25 d 后，在 2 行辣椒中间按株距 20 cm 扒开一小穴，浇透水后，每穴播种 2 粒种子（种子不要紧靠在一起），然后覆土厚 2 cm 左右，播种后及时用细土盖种。

4 田间管理

辣椒定植初期以保温为主，放小风，白天棚内控制在 28 ～ 30℃、晚上保持在 15℃以上，有利于地温上升，促进发根缓苗。缓苗后长出新叶时，白天要适当放风，使温度保持在 28℃左右、晚上 15℃，可防止徒长。

萝卜播种后，气温还比较低，应尽量保持大棚内较高的温度，以利出苗，白天保持在 25 ～ 28℃，晚上控制在 12℃以上，一般以 15 ～ 18℃较为适宜。萝卜出苗后，子叶充分展开露出第 1 片真叶后进行浇水，之后适时中耕和定苗，每穴只留 1 株健壮幼苗。萝卜定苗后，随着温度的提高，生长量逐渐加快，进入莲座期后，肉质根开始迅速膨大，大棚白天控制在 28℃左右，晚上 18℃左右，当棚内气温偏高时应及时进行放风，放风口由小到大，随着外界气温增高夜间也要留放风口。

辣椒灌水遵循“灌足灌透定根水，缓浇少浇缓苗水，适时灌溉坐果水”的原则，在灌足灌透定根水的基础上缓苗期一般不浇水。辣椒在施足底肥的基础上，前期不须追肥，待门椒采收后及时追肥，每亩施硝酸钾高效复合肥（12-2-44）3 kg，每采一次果追施一次。结果中后期，在萝卜采收处打洞增施复合肥（15-15-15）一次，每亩施 25 kg。

5 病虫害防治

坚持“预防为主，综合防治”的方针，发现病株时应及时施药，控制病害的流行。大棚越冬辣椒病害主要有灰霉病、疫病、根腐病等，虫害主要是菜青虫。大棚越冬辣椒幼苗期的菜青虫，可用100 g/L溴虫氟苯双酰胺悬浮剂1 000～1 500倍液均匀喷雾防治；灰霉病可用50%腐霉利可湿性粉剂1 500倍液或40%嘧霉胺可湿性粉剂800倍液防治；根腐病可用30%多·福可湿性粉剂600倍液或98%噁霉灵可溶粉剂（绿亨1号）3 000倍液防治；疫病可用72%霜脲·锰锌可湿性粉剂600倍液灌根防治。

6 采收

萝卜3月下旬采收上市，采收后加强辣椒田间管理，辣椒于3月底至4月初及时分批采收，一般以果实充分膨大、果皮颜色较浓、果皮坚实且有光泽时采收，门椒、对椒应及早采摘，有利于植株正常生长。

第三章

蔬菜新品种引进与试验

高品质番茄比较试验

嘉善县自20世纪80年代开始种植大棚番茄，其种植面积逐年增加，番茄生产成为嘉善县农业的支柱产业，成为农业增效、农民增收的主要来源之一。随着人们生活水平的提高，人们对番茄品质的要求越来越高，即好种、好吃、好卖，这对番茄种植的技术要求也越来越高。受种植年限及多年连作等因素的影响，嘉善县种植的粉红大果型菜用番茄品质越来越差，为进一步提升和优化番茄产业结构，同时拓展和丰富番茄品种，筛选出优质番茄品种，引进和试种了高品质大果型番茄3个、中果型和樱桃番茄各1个。

1 材料与方法

1.1　试验材料

供试品种共5个。大果型：惠福（美国圣妮斯种子有限公司）、浙粉712（浙江省农业科学院）、浙粉716（浙江省农业科学院）。中果型：光辉101（日本）。樱桃番茄：浙樱粉1号（浙江省农业科学院）。

1.2 试验方法

试验共设置5个番茄处理（即5个番茄品种），每个处理种植50株，株行距为50 cm×90 cm，每个处理设置3次重复，试验采用单因素随机区组设计。惠福、浙粉712、浙粉716、光辉101采用嫁接栽培技术，砧木为浙砧1号（浙江省农业科学院选育）；浙樱粉1号实生栽培。

分别观察不同番茄品种的生长势、果实整齐度等，测定亩产量、可溶性固形物含量，并通过专家评定肉质口感、汁水口感、鲜味等指标。

2 结果与分析

2.1 不同品种番茄生长及产量比较

由表1可知：5个番茄品种生长势均强；惠福、浙粉712、浙粉716这3个大果型番茄为中熟，光辉101、浙樱粉1号为早熟；惠福亩产量最高，达4 500 kg，其次为浙粉712达4 200 kg，浙粉716达4 050 kg，光辉101和浙樱粉1号亩产量均为3 000 kg；果实整齐度上，惠福表现不整齐，其余品种均表现整齐。

表 1　不同番茄品种各指标比较

品种	长势	熟性	亩产量（kg）	果实整齐度	可溶性固形物含量（%）	肉质口感	汁水口感	番茄风味
惠福	强	中	4 500	不整齐	5.2	沙	淡	淡
浙粉 712	强	中	4 200	整齐	5.0	黏	酸甜	中
浙粉 716	强	中	4 050	整齐	4.5	黏	酸甜	中
光辉 101	强	早	3 000	整齐	8.5	黏	甜	浓
浙樱粉 1 号	强	早	3 000	整齐	8.8	黏	甜	浓

2.2　不同品种番茄果实品质比较

由表 1 可知：浙粉 712 和浙粉 716 的果实可溶性固形物含量分别为 5.0% 和 4.5%，虽然低于惠福，但肉质感均为黏甜，汁水酸甜可口，鲜味中等，说明这 2 个品种果实品质优于惠福；光辉 101 和樱桃番茄浙樱粉 1 号可溶性固形物含量分别为 8.5% 和 8.8%，肉质均黏甜，汁水多且甜，均具有浓郁的番茄风味，适合作为水果番茄食用。

3 结论与讨论

通过试验试种，引进的浙粉 712、浙粉 716 这 2 个大果型菜用高品质番茄虽然产量较本地主栽番茄品种惠福低，但果实口感较好，且大小均匀，整齐度较好，适合在嘉善县本地进行一定面积的推广；引进的中果型番茄光辉 101 果实大小均匀、口感好、番茄风味浓，且生长势强，适合采摘游或短途运输销售；樱桃番茄浙樱粉 1 号产量高、口感好、番茄风味浓郁，且生长势强，适合采摘游或中短途运输销售。

综上，引进的番茄浙粉 712 和浙粉 716 适合在嘉善县进行种植和推广，中果型水果番茄光辉 101 和樱桃番茄浙樱粉 1 号销售价格高，均价 10 ～ 14 元 /kg，亩产值较当地菜用番茄高 12 000 ～ 18 000 元，种植效益高，适合作为水果型番茄进行适度面积的种植和推广。

羊肚菌新品种引进和试种

嘉善县食用菌起步于20世纪60年代初期，栽培历史悠久，栽培品种主要有双孢蘑菇、金针菇、草菇等，尤以双孢蘑菇居多，主要以鲜销为主。嘉善县是浙江省双孢蘑菇的优势产区，是浙江省食用菌强县，主产区姚庄镇被评为“中国蘑菇之乡”，“锦雪”牌蘑菇是“浙江省十大名菇”之一。近60年的栽培历史中，2003年嘉善县蘑菇生产进入快速发展时期，2011—2013年进入鼎盛发展时期，连续3年全年复种面积达到500万 m^2，年总产量达2.80万t，年总产值达2.41亿元，居全省首位，成为全国小有名气的蘑菇生产基地，蘑菇生产已成为嘉善县农业的支柱产业，成为农业增效、农民增收的主要因子。随着食用菌产业转型升级，传统菇棚栽培模式逐渐淘汰，种植规模大幅度减少，规模化、工厂化周年生产兴起，但近年来产业结构调整，嘉善县食用菌产业逐年走下坡路，种植规模逐年减少，至2019年嘉善县食用菌栽培面积只有78.9 m^2，产量1.37万t，产值1.19亿元，为进一步提升嘉善县食用菌产业的发展水平，拓宽食用菌品种发展，嘉兴市农业科学研究院嘉善农业科学研究所从杭州市农业科学研究院引进 3 种优新羊肚菌品种，从嘉兴市农业科学研究院引进 1 种优新羊肚菌进行试种，旨在选出适合嘉善县本地种植的优势品种。

羊肚菌是一种珍稀食、药用真菌，营养丰富，含有多种具抗病毒、抗肿瘤等作用的生理活性物质，在食品、保健品、医药、化妆品等领域有着广阔的市场前景，但由于羊肚菌子实体的获得受多重条件的限制，这也直接导致在栽培过程中产量和品质不够稳定，此问题亟待解决。本试验旨在选出适合嘉善县种植的优势品种，形成一套成熟的田间种植管理技术，不仅填补嘉善县羊肚菌人工栽培的空白，丰富嘉善县食用菌品种，而且优化嘉善县食用菌产业结构，为产业振兴添砖加瓦。

1 材料与方法

1.1 供试菌种

六妹羊肚菌，由嘉兴市农业科学研究院提供；M1、M4、M7 号羊肚菌，由杭州市农业科学研究院提供。

1.2　培养基和培养料配方

母种扩繁采用商品 PDA 培养基，栽培种培养料配方为 70% 麦粒 +30% 谷壳，外援营养包配方为 50% 麦粒 +40% 木屑 +10% 谷壳。

1.3　栽培种制作和栽培管理

1.3.1　栽培种制作

用 10% 石灰水分别浸泡麦粒、谷壳 24 h，浸透后按 7∶3 混合均匀装袋灭菌，常压 100℃灭菌 16 h，培养料冷却至 20℃以下，无菌条件下接种，在 18～20℃的黑暗培养室内发菌，20～25 d，袋中菌丝长满，有黄色菌核出现即可播种。

1.3.2　种植大棚整理

每亩用生石灰 50 kg 撒施后深翻，进行土壤消毒，在播种前再深翻一次，平整土地，大棚覆上绿白膜，待播种。

1.3.3　播种及田间管理

将处理好的大棚划分为 4 个试验小区，分别做畦，畦面连沟宽 1.5 m，分别将 4 个试验菌种均匀撒播在畦面上，覆土一层（不露菌种即可），浇透水，畦面上覆黑地膜，控制土温在 20℃以下，土温在 5℃以下晚上关棚保温，土温高于 8℃不用关棚，白天开棚通风。8 ～ 15 d，畦面返白放置打孔的外援营养包，每亩约放置 1 000 kg，正常温湿度管理。

畦面菌霜颜色变黄，揭去黑地膜，任其自然消退，80% ～ 90% 菌霜消退后，浇催菇水，以淹没畦面为标准，白天通风，晚上温度低于 5℃时关棚，土温控制在 6℃以上。原基形成后，温度控制在 20℃以内，晚上不低于 5℃，通风时注意风向，避免风对着吹，空气湿度控制在 80% ～ 90%，白天不低于 30%。根据市场需求，适时采收。

1.4 试验方法

试验共设置 4 个羊肚菌品种，每个处理设置 3 次重复，试验采用单因素随机区组设计。羊肚菌子实体采收后，分别对不同品种进行单菇重、菌帽长度和直径、菌柄长度、茎粗、出菇产量进行测定对比。

2 结果与分析

2.1 不同品种羊肚菌的子实体性状

对不同羊肚菌菌株的子囊果进行比较，结果如表 2 所示。

表 2 不同羊肚菌菌株的子囊果比较

品种	单菇重(g)	菌帽长度(cm)	菌帽直径(cm)	菌茎直径(cm)	菌柄长度(cm)	帽柄长度比	子囊果颜色	子囊果形状
M1	20.17	5.76	3.48	1.76	4.32	1.33	黑色	纺锤形
M4	17.06	6.27	3.44	2.29	5.27	1.19	黑色	纺锤形
M7	—	—	—	—	—	—	—	—
六妹	—	—	—	—	—	—	—	—

注：“—”表示未出菇。

从表 2 中得出，M1、M4 2 个品种的单菇重分别达 20.17 g、17.06 g，M1 单菇重高于 M4；2 个品种菌帽长度分别是 5.76 cm、6.27 cm，菌帽直径分别是 3.48 cm、3.44 cm，菌柄长度分别是 4.32 cm、5.27 cm，帽柄长度比分别是 1.33 和 1.19，从这些数据中可以得出，M4 的菌帽长度较长，菌茎较粗，帽柄长度小于 M1。2 个品种的子囊果颜色都是黑色，形状都是纺锤体。整体看，M1 的子囊果宽胖形，M4 的子囊果瘦长形，从现代审美观点来看，M4 较为美观，具有较高的商品性。

2.2 不同品种羊肚菌菌株的出菇产量

对不同羊肚菌菌株的产量进行比较，结果如表 3 所示。

表 3　不同羊肚菌菌株的产量比较

品种	平均产量		子实体干湿比（%）
	鲜菇（kg/m^2）	干菇（g/m^2）	
M1	0.191	25.93	13.59
M4	0.268	29.94	11.19
M7	—	—	—
六妹	—	—	—

注：“—”表示未出菇。

从表 3 中可以看出，M4 品种的鲜菇产量和干菇产量均高于 M1 品种，分别为 0.268 kg/m^2、29.94 g/m^2，说明 M4 品种的单位面积上的产菇率高于 M1 品种，M4 品种的子实体干湿比为 11.19%，略低于 M1 品种。从单位面积上的效益综合考虑来看，M4 品种具有较高的效益收入，更适合种植。

3 结论与讨论

羊肚菌在我国分布广泛，南至广西、广东、浙江一带，北到新疆、内蒙古、吉林一带均有野生羊肚菌分布，这在一定程度上表明，全国大部分地区的气候特点都适宜于羊肚菌栽培生产。浙江省嘉善县虽然有着 60 余年种植食用菌的悠久历史，但羊肚菌的种植仍处于空白。通过引进4个羊肚菌品种进行试种试验，结果表明M4羊肚菌品种不仅在外形上美观，具有较高的商品性，而且鲜菇产量和干菇产量都较高，效益优于M1品种，可考虑M4羊肚菌品种作为嘉善县本地种植的优势菌种。

特种蔬菜罗勒大棚优质栽培技术

罗勒（*Ocimum basilicum* L.），又名九层塔、兰香等，为唇形科（Lamiaceae）罗勒属（*Ocimum*）一年生草本植物。罗勒含有天然芳香物质和营养成分，既可作为原料提取精油，又可作为香味蔬菜食用，种子还可药用。

据嘉善县科技项目“特种蔬菜引进与栽培技术研究”的安排，嘉善嘉鹭休闲农业有限公司在2015—2016年进行了引进试种，经过一年多的栽培种植试验，罗勒已在本地区种植成功，栽培技术也较成熟，每亩日光温室罗勒产量3 000 kg，产值36 000元，净收入16 000元，经济效益显著。

1 适期播种，培育壮苗

罗勒一般采用种子繁殖。2 月中旬在大棚内采用沙子作为基质进行育苗。选择地势平坦地块作为育苗床，在育苗床上按顺序分别铺上白色农膜和黑色农膜，然后在黑色农膜上铺盖 15 cm 厚的纯沙子，用 1% 的复合肥（15-15-15）溶液将沙子浇透，待水渗下去，撒播种子，覆以薄沙，播后每天淋施 1% 的复合肥（15-15-15）溶液保持沙子湿润，覆盖大棚膜保温。棚内白天控制在 25℃，晚上 15℃左右，10 d 左右出苗，此后适时进行通风，增加光照，防止形成高脚苗，同时保持沙子湿润。

2 施足基肥，合理定植

清洁田园，深耕细耙。每亩撒施腐熟羊粪 250 kg，复合肥（15-15-15）15 kg，于移栽前 7 ～ 10 d 结合整地施入，深翻 25 ～ 30 cm，使肥土混合均匀。按畦宽（连沟）1 m 整地做畦，并覆盖地膜。当幼苗 4 叶 1 心时，每畦 2 行，按“品”字形定植，株行距在 55 cm×40 cm 左右进行定植，定植后浇足定根水。

3 田间管理

罗勒喜日照充足，最适生长条件为平均每天日照 6 h 以上。大棚内白天控制在 25℃左右，晚上 18℃左右。缓苗后植株转入正常生长，白天控制在 22 ～ 23℃，晚上 16℃左右。

土壤保持不过干过湿的状态。定植 20 d 后结合浇水每亩滴施复合肥（15-15-15）1.5 ～ 2.5 kg，此后每采收 2 次结合浇水每亩滴施复合肥（15-15-15）1.5 ～ 2.5 kg，促进茎叶生长和分枝形成。

植株现蕾时，及时摘除花蕾，以利促发新枝，防止茎叶老化。采摘中、后期，要及时摘心，促进多发生侧枝。

4 病虫害防治

坚持“预防为主，综合防治”的方针，发现病株时应及时施药，控制病害的流行。罗勒是一种芳香植物，整株含有天然芳香成分，散发出特殊气味具有一定的驱虫能力，因此病虫害发生较少。病害主要有炭疽病和根腐病，一般在苗期易发生此类病害，苗期喷施 1 ～ 2 次

1∶1∶100 波尔多液或 70% 代森锰锌可湿性粉剂 500 倍液进行预防。虫害主要有蚜虫等，可用 5% 甲氨基阿维菌素苯甲酸盐水分散粒剂 3 000 倍液、10% 虫螨腈悬浮剂 2 000 ～ 25 000 倍液或 4.5% 高效氯氟氰菊酯乳油 1 500 倍液进行喷雾防治。

5 采收

定植 30 d 后采收第 1 次，采摘嫩梢 4 ～ 5 cm，当株高超过 20 cm 后，每隔 7 d 采收一次，采摘嫩梢 7～8 cm，可采收至 10 月底。

第四章 蔬菜综合技术应用

大棚番茄嫁接育苗栽培成套技术应用与推广

大棚番茄嫁接育苗栽培成套技术应用与推广的主要技术措施有针接嫁接技术、优新砧木品种引进、嫁接后嫁接苗管理技术、多层覆盖越冬栽培技术、嫁接栽培综合增产增效技术、病虫害绿色防控等，这些技术措施的推广应用使嘉善县大棚番茄嫁接种植水平不断提高，产量和效益持续稳定，标准化和设施化水平不断提高，有力地促进了嘉善县番茄产业的可持续健康发展，推动了农业增效农民增收。现将技术措施总结如下。

1 引进推广应用针接嫁接技术

从浙江省农业科学院蔬菜研究所引进番茄针接嫁接技术，并在嘉善县番茄主产区推广应用，已成为嘉善县番茄嫁接的主要技术之一。针接嫁接法采用粗 0.6 mm、长 1.8 cm 的木工蚊钉，经试验，在植物体内不影响植物的生长。番茄针接嫁接时嫁接苗应稍大一些，一般按接穗 2.5 片真叶左右，砧木 3 ～ 3.5 片真叶为宜。嫁接时选砧木苗与接穗苗粗细一致的幼苗，先用利刀在砧木苗子叶下方中间的位置横向切断，切口要平滑。在茎中间插入一个嫁接针，一半插入，另一半留在外面，用于插接接穗。取接穗苗，在子叶下方适当的位置横向切断，要求切断的轴径和砧木的轴径大致相等，且不宜过长，以 1 ～ 2 cm 为宜，将接穗插在插有嫁接针的砧木上即可。注意砧木和接穗的切面对严，并保持嫁接苗呈直线状态。针接嫁接法与传统上使用的劈接、套管等其他嫁接方法相比，技术环节简单、操作容易、嫁接速度快、成活率高，该技术在嘉善县应用率达到 95% 以上。

2 优新砧木品种引进

番茄嫁接栽培的主要目的是利用砧木对土传病害具有高度抗性的特点来阻止青枯病、根腐病等土传病害的发生，优良的番茄砧木应具备与接穗有较高的嫁接亲和力和良好的共生亲和力，具有更强抗逆性。2014 年早春大棚番茄引进浙江省农业科学院的浙砧 1 号、上海农业科学院的沪砧 2 号、杭州三雄种苗有限公司的健壮系列等砧木，在嘉善棚友果蔬专业合作社、嘉善苑博果蔬专业合作社、嘉善东龙果蔬专业合作社 3 家蔬菜集约化育苗场进行试验性栽培。经过试种示范和推广，目前浙砧 1 号为嘉善县番茄种植户普遍选取的优良砧木，该砧木不仅生长势强、根系发达、吸收能力强，具有亲和力高，还具有高抗青枯病、枯萎病、番茄花叶病毒病和叶霉病 4 种病害，该砧木在嘉善县应用率达 80% 以上。

3 嫁接后嫁接苗管理技术

嫁接后嫁接苗从嫁接到嫁接苗成活，一般需要 10 d 左右的时间。此阶段管理至关重要，必须严格按照技术要求进行，保证嫁接苗的成活率。

温度管理：嫁接后的前 3 d 白天控制在 25 ～ 27℃，晚上 17 ～ 20℃，3 d 后逐渐降低温度，白天 23 ～ 26℃，晚上 15 ～ 18℃，10 d 后撤掉小拱棚进入正常管理。

湿度管理：嫁接后的前 3 d 小拱棚不得通风，湿度必须在 95% 以上，小拱棚的棚膜上布满雾滴；3 d 后，必须把湿度降下来，保证小拱棚内湿度维持在 75% ～ 80%，每天放风排湿，防止苗床内长时间湿度过高造成烂苗，苗床通风量要先小后大，通风量以通风后嫁接苗不萎蔫为宜，嫁接苗发生萎蔫时要及时关闭棚膜。

遮阳管理：嫁接后前 3 d 要求白天用遮阳网覆盖小拱棚，避免阳光直射小拱棚内。嫁接后 4 ～ 6 d，见光和遮阳交替进行，中午光照强时遮阳，同时要逐渐延长见光时间，如果见光后叶片开始萎蔫应及时遮阳，以后随嫁接苗的成活，中午要间断性见光，待植株见光后不再萎蔫时即可去掉遮阳网。

4 多层覆盖越冬栽培技术

嘉善县在大棚多层覆盖越冬栽培技术应用上在浙江省处于领先，不同作物品种采用不同的多层覆盖方式。大棚番茄上主要采用的是“三棚四膜”覆盖方式，晚上棚内一般在 10℃以上，能抵御棚外 -5℃低温，可确保番茄安全越冬，并提早番茄上市时间，一般在 3 月上中旬就能采摘上市，比周边提早 10 ～ 15 d。

5 嫁接栽培综合增产增效技术

由于冬春茬大棚番茄生长处于封闭、半封闭的生态环境中，出现了不利番茄生长的障碍因子，如土壤酸化、次生盐危害、土传病害等多种不利因素，影响了冬春茬大棚番茄的产量与质量，为此，我们主要示范和推广了以下技术措施，从而取得了番茄的优质、高产、高效。

5.1 推广优新品种

每年引进一批番茄品种进行对比试验，通过对比试验、示范，这些新品种不仅品质优、产量高，而且抗逆性强，适合嘉善县大面积种植。主要推广了浙粉702、欧盾、粉利亚、明珠88、惠福等番茄新品种，这些新品种的引进和种植不仅为嘉善县番茄品种新添了当家品种，也为番茄种植户增加了收入，深受种植户的喜爱。

5.2　推广新型覆盖材料多层覆盖技术

大棚外膜推广了6～8丝厚高保温（EVA）无滴长寿膜，大棚内层推广了3～4丝厚的无滴长寿膜，中间层为上一年用过的旧外膜或3～4丝厚新无滴长寿膜，通过新型农膜三层覆盖，使嘉善县大棚番茄能顺利越冬。

5.3　推广连作障碍综合治理技术

连作障碍是近年来番茄主产区的突出问题，严重影响了嘉善县番茄产业的可持续发展，在试验、示范的基础上，近几年进行了大面积推广。主要应用番茄－水稻轮作、高温闷棚、水浸洗盐、土壤消毒技术、测土配方施肥，增施腐熟有机肥、碱性肥、微量元素，以及改进番茄栽培方法等技术措施。

5.3.1　推广应用番茄－水稻轮作技术

嘉善县是“千斤粮万元钱”的发源地，通过近30年的不断探索，将“千斤粮万元钱”粮经型创新模式发展为水旱轮作和隔年水旱轮作两大类型，水旱轮作类型为上半年种植大棚番茄，下半年种植水稻，模式为大棚番茄–晚稻，隔年水旱轮作类型为第1年周年种植大棚番茄，第2年上半年种植大棚番茄，下半年种植水稻，模式为大棚番茄–大棚番茄–大棚番茄–晚稻，通过番茄水稻轮作，土壤里过量的氮肥、磷肥得到快速降低，土壤中的病原菌和土居害虫的数量、病虫害发生率显著下降，同时土壤盐害、酸化得到一定的缓解，促进了土壤潜在养分的释放。番茄水稻轮作，方法简便，省工又高产，实现了粮经双丰收。

5.3.2 推广应用高温闷棚、水浸洗盐技术

利用7—8月的高温，覆盖大棚薄膜+地膜，关闭棚门10～15 d，棚内可达70℃左右，地表温度能达到100℃以上，可杀死土壤中有害生物。然后揭掉地膜、大棚薄膜，用旋耕机将土壤深翻一遍后，灌水没过畦面4～6 cm，水浸15～30 d，期间换水2～3次，这样可排除土壤中多余的盐分，不仅能改善土壤团粒结构，而且能提高土壤的通透性。

5.3.3 推广土壤消毒技术

嘉善县土壤消毒主要是施用氰氨化钙。利用夏秋高温季节，大棚蔬菜采收结束清园后，亩撒施50%氰氨化钙颗粒剂50～75 kg，随后深耕土壤，灌水保持土壤含水量70%以上，用薄膜覆盖畦面，密闭大棚增温，

持续 15 ～ 20 d，揭膜通风后，翻耕土壤整地，7 ～ 10 d 后可播种或定植作物，2 ～ 3 年采用该方法土壤消毒一次。

5.3.4　推广测土配方施肥

开展测土配方施肥，根据番茄产量、土壤肥力、不同肥料元素利用率等确定适宜施肥量，以进行平衡施肥，增施有机肥、碱性肥、微量元素，提高肥料利用率，配合施用磷肥，控制氮肥的施用量，防止硝酸盐的积累和污染；增施腐熟有机肥，能改善土壤物理结构，提高土壤通透性，增加土壤缓冲能力，同时能提高番茄产品品质；增施碱性和微量元素肥料，如钙、镁、磷肥，可减缓土壤酸化速度，减少缺素症状。

5.3.5　改进番茄栽培方法

土传病害可通过改进栽培方法来达到防病的目的，方法如下：深沟高畦栽培，小水勤浇，避免大水漫灌；合理密植，改善作物通风透光条件，降低地面湿度；清洁田园，拔除病株，在病穴内撒施石灰，并将病株带出棚外；避免偏施氮肥，适当增施磷、钾肥，提高番茄抗病性，在番茄生长中后期结合施药，喷施磷酸二氢钾叶面肥 2 ～ 3 次。

6 病虫害绿色防控技术

贯彻“预防为主，综合防治”的植保方针，根据有害生物综合治理（IPM）的基本原则，综合应用农业防治、物理防治、生物防治、化学防治。通过应用推广水旱轮作、高温闷棚、水浸洗盐、增施有机肥等连作障碍综合治理技术，改善土壤环境，减少土传病害发生，增强植株抗逆性，以降低化学农药的使用量。同时，在示范基地应用推广杀虫灯、性诱剂、黄板和防虫网等物理、生物方式来进行病虫害的防治，有效减少化学农药的使用量。缓解病虫害防治与农产品质量安全之间日益突出的矛盾，在使病虫害发生得到控制的同时，提高农产品的质量安全水平。

根据番茄病虫害发生特点和规律，重点防治猝倒病、根腐病、灰霉病、青枯病、早疫病、晚疫病、叶霉病、蚜虫、白粉虱、潜叶蝇等病虫害，抓住防治关键时间点，移栽前防治猝倒病，幼苗期－成株期开始防治青枯病、晚疫病、早疫病、根腐病，花期重点防治灰霉病、叶霉病。严禁使用国家禁止使用的农药，严格控制农药用量，掌握好农药安全间隔期，确保农产品质量安全。

嘉善县万亩大棚茄子优质高效栽培技术集成与推广

嘉善县自20世纪80年代开始种植大棚茄子，随着效益农业的迅速发展，大棚茄子种植面积逐年增加，据统计，2019年嘉善县大棚茄子复种面积达16 064亩，主要销往上海、杭州等市场，茄子已成为嘉善县农业的支柱产业，成为农业增效、农民增收的主要因子。为提高种植效益，增加农民收入，促进大棚茄子产业健康持续发展，嘉善县农技人员通过多年努力，集成与推广了嘉善县万亩大棚茄子优质高效栽培技术。

嘉善县万亩大棚茄子优质高效栽培技术集成与推广主要技术措施有推广优新品种、茄子剪枝再生高产高效技术、集约化育苗技术、连作障碍综合处理技术、多层覆盖越冬栽培技术以及病虫害绿色防控技术等，这些技术措施的推广应用使嘉善县茄子品种结构不断优化，产量和效益持续稳定，标准化和设施化生产水平逐步提高，有力地促进了嘉善县大棚茄子产业的可持续健康发展。

1 优新品种推广与示范

2017—2019 年从浙江省农业科学院引进优新品种杭茄 2010、浙茄 10 号、杭茄 2019、良丰 4 号等，主要在姚庄镇北鹤村、惠民街道新润村茄子种植基地进行推广示范，推广面积 5 000 余亩，亩均产量达 4 245 kg 左右，较杭丰一号等老品种增产 11.71%，价格较其他品种高 19.82% 以上，亩均产值增加 33.85%（表 4）。多次邀请浙江省农业技术推广中心蔬菜科副科长胡美华、浙江大学汪炳良教授和张敬泽教授、杭州市农业科学研究院蔬菜研究所张雅教授等茄子专家到嘉善县开展技术指导。

表 4　茄子优新品种与老品种栽培情况对比

<table>
<tr><th rowspan="2">茄子品种</th><th rowspan="2">亩产量
(kg)</th><th colspan="2">亩增产</th><th rowspan="2">亩产值</th><th colspan="2">亩增产值</th></tr>
<tr><th>(kg)</th><th>(%)</th><th>(元)</th><th>(%)</th></tr>
<tr><td>优新品种
(杭茄 2010)</td><td>4 245</td><td rowspan="2">445</td><td rowspan="2">11.71</td><td>21 225</td><td rowspan="2">5 368</td><td rowspan="2">33.85</td></tr>
<tr><td>老品种
(杭丰一号)</td><td>3 800</td><td>15 857</td></tr>
</table>

2 剪枝再生高产高效栽培技术应用与推广

受夏季高温天气的影响，大棚越冬茄子开始出现生长不良、产量降低、品质不佳等现象，为提高单位面积产量和产值，获得较高的经济和社会效益，嘉善县农技推广部门积极寻找破解方法，利用茄子属于半木质化植物，再生能力强的属性，对大棚越冬茄子进行剪枝处理再生产一茬茄子的高产栽培技术。茄子剪枝再生高产高效栽培技术要点如下：大棚越冬茄子采收到 6 月底不再留果，于 7 月底至 8 月初进行一次性剪枝，用剪刀把茄子植株头部全部剪掉，保留 3 ～ 4 个长势壮的侧芽进行科学培植，清除其余的幼芽、老叶，随水浇施复合肥（15-15-15）25 ～ 30 kg/ 亩，剪枝后，由于外界温度高，再加上庞大的根系吸收作用，剪枝 30 d 左右即可采收，一般第一茬茄子采收结束后拔秧腾茬，安排下一茬作物。该技术与传统的育苗移栽相比，剪枝再生具有省去秋季育苗管理、省时省工，以及根系发达、长势强、提早上市、价格高、效益好等优点。

茄子剪枝再生高产高效栽培技术示范点安排在嘉善县姚庄镇北鹤村和惠民街道新润村茄子种植基地，

2019年试验示范1 000余亩，栽培品种主要有杭茄2010、杭丰一号等，应用该技术，每亩约增加产量4 000 kg，增加经济效益15 000元，不仅提高了茄子的商品性状，还提高了经济效益，同时减少劳动力的支出（表5）。

表5　茄子剪枝再生与普通栽培情况对比

<table>
<tr><th>应用技术</th><th>亩产量（kg）</th><th>亩增产（kg）</th><th>亩产值（元）</th><th>亩增产值（元）</th></tr>
<tr><td>剪枝再生技术（杭丰一号）</td><td>7 800</td><td rowspan="2">4 000</td><td>30 900</td><td rowspan="2">15 043</td></tr>
<tr><td>普通栽培技术（杭丰一号）</td><td>3 800</td><td>15 857</td></tr>
</table>

3　茄子嫁接高产高效栽培技术应用与推广

嘉善县种植大棚茄子至今近40年，连续多年种植引起的土壤连作障碍问题越来越严重。研究表明，嫁接育苗具有抗病、抗重茬，增强植株长势，增强商品性，延长生产季节提高单产等作用，通过种植嫁接苗来预防土传病害的发生十分有效。

嘉善县在番茄、瓠瓜等作物的嫁接上已经比较成熟，取得了良好的增产增收效果，早春和春茬番茄和瓠瓜的嫁接基本达到100%。自2017年嘉善县就开始进行大棚茄子嫁接苗试种试验，试种品种为杭丰一号，示范地点在惠民街道嘉善县王家家庭农场茄子种植基地，但受不良天气及种植技术欠缺等影响，试验效果不太明显。2018—2019年，嘉善县农业技术推广中心联合浙江省农业科学院在姚庄镇北鹤村沈金松茄子种植基地开展了大棚茄子嫁接苗试种试验，试验品种为杭茄2010，试验结果表明，茄子嫁接后苗期死苗率明显降低，生长势和抗病性较强，果实光泽度较亮、粗细均匀，单果重也较高，亩产量较高，品质较好（表6）。

表6 茄子嫁接栽培与实生栽培情况对比

<table>
<tr><th rowspan="2">应用技术</th><th rowspan="2">亩产量
(kg)</th><th colspan="2">亩增产</th><th rowspan="2">亩产值</th><th colspan="2">亩增产值</th></tr>
<tr><th>(kg)</th><th>(%)</th><th>(元)</th><th>(%)</th></tr>
<tr><td>嫁接栽培
(杭茄2010)</td><td>4 650</td><td rowspan="2">405</td><td rowspan="2">9.54</td><td>23 250</td><td rowspan="2">2 025</td><td rowspan="2">9.54</td></tr>
<tr><td>实生栽培
(杭茄2010)</td><td>4 245</td><td>21 225</td></tr>
</table>

4 集约化育苗技术应用与推广

截至目前，嘉善县有 4 个集约化育苗基地，都实现了育苗设施化要求，其中 2 个育苗基地培育的蔬菜品种涉及茄子。在嘉善东龙果蔬专业合作社育苗基地，拥有育苗设施面积 6 300 m^2，配套连栋大棚、水幕降温、外遮阳网、育苗床架、半自动化播种机、喷滴灌等集约化育苗设施设备，主要培育茄子、番茄、甘蓝、芦笋、叶菜类等 20 多个品种，年育苗量达 600 万株，其中茄子年育苗量达 70 万株；在嘉兴青苗农业科技有限公司育苗基地，建有 52 个育苗大棚，占地 90 亩，配有遮阳网、防虫网等，主要培育茄子、辣椒、番茄、黄瓜、叶菜类等 30 多个蔬菜品种，年育苗量达 800 万余株，其中茄子年育苗量达 200 万余株。2 个育苗基地通过订单式订购，主要销往嘉善、嘉兴、上海、苏州、杭州等地。

5 连作障碍综合治理技术应用与推广

大棚连作障碍综合治理技术主要推广应用菜稻水旱轮作、高温闷棚、水浸洗盐、土壤消毒等一系列技术措施，这些技术措施能有效降低土壤障碍因子和减轻病害的发生，达到减少农药使用量、提高蔬菜产品品质和质量安全、增加单位面积产量等目的的技术手段。

嘉善县在20世纪90年代初开始进行菜稻水旱轮作，是“千斤粮万元钱”模式发源地，通过近30年的不断探索，发展为水旱轮作、隔年水旱轮作两大类型，通过菜稻水旱轮作，不仅可以减轻连作障碍影响，而且稳粮增效，既确保粮食生产安全，又增加了农民收入，同时缓解土壤盐害、酸化、板结，有效压低土传病原菌和土居害虫的数量，促进土壤中潜在养分的释放，减少菜地过量的氮肥和磷肥。2014年4月23—24日，全省瓜菜水稻轮作现场观摩会在嘉善成功召开，嘉善菜稻轮作经验和成效得到了浙江省农业农村厅领导的充分肯定，与会人员参观考察的其中一个示范点就是姚庄镇北鹤村的大棚茄子－水稻轮作模式示范点。

高温闷棚和水浸洗盐是在上半年大棚茄子采收结束后，利用7—8月的高温，覆膜闷棚1周左右，然后水浸15～30 d，杀死土壤中各种线虫、真菌和细菌，解决茄子重茬地块死苗难题，同时通过水浸洗盐，排除土壤中多余盐分，改善土壤团粒结构，提高土壤通透性。

在搞好农业防治、种子消毒的基础上，利用石灰氮、漂白粉等药剂进行土壤消毒，预防土传病害。

6 多层覆盖越冬栽培技术应用与推广

嘉善县大棚多层覆盖越冬栽培技术应用一直在浙江省处于领先地位，不同作物品种采用不同的多层覆盖方式，大棚茄子冬季采用“三棚四膜”多层覆盖越冬保温，当最低气温在 5 ～ 6℃时搭建二道膜，最低气温在0℃左右时搭建三道膜，膜与膜之间距离控制在 15 cm以上。采用“三棚四模”的多层覆盖模式，提高冬季棚内温度，以利于增温保温，确保茄子在冬季也能正常开花结果，安全越冬，并提早茄子上市时间。

7 病虫害绿色防控技术应用与推广

为缓解病虫害防治与农产品质量安全之间日益突出的矛盾，嘉善县开展了大棚茄子病虫害绿色防控技术应用与推广，在应用连作障碍综合治理的基础上，应用黄板、杀虫灯、低毒高效农药和生物农药等物理、生物方式来进行病虫害的防治，有效减少化学农药的使用量，提高农产品的质量安全水平。

根据茄子病虫害发生特点和规律，重点防治猝倒病、立枯病、早疫病、灰霉病、绵疫病、蚜虫、蓟马、茶黄螨、潜叶蝇等一些病虫害，抓住防治关键时间点，移栽前防治猝倒病、立枯病，幼苗期－成株期开始防治早疫病、灰霉病，花期重点防治灰霉病、炭疽病、绵疫病。严禁使用国家禁止使用的农药，严格控制农药用量，掌握好农药安全间隔期，确保农产品质量安全。

嘉善县万亩大棚茄子优质高效栽培技术集成与推广在全县范围内开展，特别是姚庄镇、惠民街道、西塘镇、大云镇等大棚茄子集中产区，2019 年推广面积 12 500 亩，总产量 4.97 万 t，总产值 2.075 亿元，总净收入 1.256 亿元，较实施前增产 4 475 t，增幅 9.88%，增加产值 3 555 万元，增幅 20.67%，增加净收入 2 555 万元，增幅 25.53%，大棚茄子农产品质量安全也得到进一步提高，大棚茄子亩均产量达 3 978 kg，亩均产值达 16 600 元，亩净收入 10 050 元，较实施前分别提高 9.89%、20.67%、25.53%，已成为农民增收的主要途径之一。

参考文献

陈福权，2009. 蔬菜 [M]. 北京：中国农业科学技术出版社: 22-26.

陈福权，李罕琼，季俊杰，等，2005. 莴笋－樱桃番茄－瓠瓜大棚周年高效栽培模式 [J]. 长江蔬菜 (9): 9-10.

杜明花，2014. 温室越冬茬西葫芦生产技术 [J]. 农业技术与装备 (278): 53-55.

贺国强，魏金康，赵海康，等，2018. 野外采集羊肚菌的驯化栽培试验 [J]. 中国食用菌，37(2): 18-20, 29.

黄弈怡，徐东升，陈建才，2003. 芳香植物“罗勒”新品种栽培技术初报 [J]. 上海农业科技 (3): 95-96.

季林章，左其峰，胡海生，等，2007. 日光温室越冬茬西葫芦高产栽培 [J]. 安徽农学通报，13(20): 152-162.

金伟林，贾世燕，2014. 松花菜高效栽培关键技术 [J]. 上海蔬菜 (3): 43.

鞠玉栋，吴维坚，杨敏，等，2013. 芳香植物罗勒生物学特性及栽培技术 [J]. 现代农业科技 (23): 126.

林翠鸿，朱伦，2009. 番茄嫁接栽培技术 [J]. 安徽农学通报, 15(22): 103-132.
林陆家, 2012. 小拱棚辣椒套种蕹菜高效栽培模式 [J]. 中国蔬菜 (13): 56-57.
卢春香, 金旻琦, 朱贤聪, 2007. 越冬番茄嫁接栽培技术 [J]. 上海农业科技 (3): 86-87.
马德军, 2011. 冬春茬西葫芦高产高效栽培 [J]. 吉林蔬菜 (3): 13.
彭世民, 缪倩, 郭华军, 2005. 冬季大棚西葫芦栽培技术 [J]. 福建农业科技 (5): 61.
钱春建, 黄冬梅, 沙斌, 2012. 茄子再生高产高效栽培技术 [J]. 上海蔬菜 (6): 25-26.
沈斌, 周红强, 周安尼, 等, 2016. 特种香料蔬菜罗勒的栽培与绿色防控技术 [J]. 上海蔬菜 (2): 20-22.
石晓华, 2011. 冬春茬西葫芦高效栽培技术 [J]. 现代农业 (10): 37.
宋玲玲, 朱德康, 许树坡, 1998. 春大棚栽培结球白菜和白萝卜技术 [J]. 中国蔬菜 (3): 47-48.
孙丽娟, 聂向博, 叶国华, 2014. 冬茼蒿－早春松花菜－肉丝瓜－秋胡萝卜高效栽培模式 [J]. 长江蔬菜 (9): 28-30.
田平增, 2012. 洋葱－辣椒间作套种高效栽培技术 [J].

河北农业 (1): 17-20.
王淑云 , 2009. 日光温室、大棚茄子剪枝再生技术 [J]. 安徽农学通报 , 15(5): 180-182.
吴冬乾 , 夏月明 , 朱玉萍 , 2005. 罗勒的实用栽培技术 [J]. 上海蔬菜 (2): 39.
吴雪梅 , 2013. 宁南山区大棚蔬菜一年三茬栽培模式 [J]. 中国蔬菜 (19): 59-60.
谢占玲 , 谢占青 , 2007. 羊肚菌研究综述 [J]. 青海大学学报 (自然科学版), 25(4): 36-40.
徐丹 , 2015. 大棚越冬瓠瓜嫁接高产栽培技术 [J]. 上海蔬菜 (1): 42-43.
杨红星 , 2010. 夏季瓠瓜栽培技术 [J]. 现代农业科技 (6): 122-126.
杨新琴 , 陈福权 , 2007. 大棚冬莴苣 - 甜瓜 - 秋瓠瓜 - 高效栽培模式 [J]. 中国蔬菜 (1): 43-44.
杨新琴 , 吴晓花 , 李国景 , 等 , 2018. 浙江省瓠瓜标准化生产技术 [J]. 中国蔬菜 (7): 97-100.
姚建萍 , 2011. 番茄嫁接栽培优势及嫁接育苗技术 [J]. 现代农业科技 (18): 131-132.
张继伟 , 2009. 茄子再生高产栽培技术 [J]. 辽宁农业科学 (2): 78.